解锁动物生存密码

捕猎高手

聪明的猎人不贪心

懿海文化 著／绘

高琼 译

科学普及出版社
·北 京·

CONTENTS 目录

·谨以此书献给弗朗西斯·

为生存而杀戮

　　每天，地球上都会有数以百万计的动物失去生命。它们并非都死于人类的恶意，而是丧生在其他动物的尖牙和利爪之下。那些被吃掉的动物叫猎物，而那些用尖牙利爪进行杀戮的动物叫捕食者。"捕食者捕食猎物"是能量和营养在不同生命形式之间进行传递的一种基本途径，也是这个世界维持运转的基本方式之一。

　　我们欣赏动物的体态、技能、勇气和智慧，以及人类为它们赋予的种种优秀品质。在这些动物当中，有很多都是捕食者。这本书讲的便是关于捕食者的故事，比如它们如何生活、如何想方设法捕食其他动物。

　　那么，这本书的写作目的是什么？不制造恐怖气氛，不过多描述令人不适的场景，不美化捕猎行为，更不会为人类对同胞和其他动物的贪婪掠夺而正名。

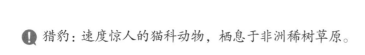

　　❗ 猎豹：速度惊人的猫科动物，栖息于非洲稀树草原。

　　创作这套丛书的插画和文字作者都希望能从客观角度和孩子们分享他们对动物的爱与尊重，而不是凭借主观想象为动物添加人类的情感色彩。捕食者和猎物一样，也需要在大自然中谋求生存。它们只从这个世界获得自己所需要的东西，绝不多拿一分一毫。这一点与其他大多数动物别无二致，它们的杀戮，仅仅是为了生存。

狮子 / *强壮有力的非洲草原猎手*

图中这两头雌狮正在对一群非洲水牛展开攻势。此刻，它们已经成功地从牛群中赶出一头老水牛，试图把它彻底制服。这头老水牛比它们个子大，力气也不小。它又是打滚，又是用蹄子踢、用角顶，实在不好对付。但这两头雌狮也是久经沙场的老手，十分清楚怎样才能击败一头水牛。它们以前经常这么做：一个从正面攻击，另一个用锋利的爪子抓住水牛的脖子，再用尖尖的牙齿把它死死咬住。最终，它们当中总有一个能找准机会扼住水牛的喉咙，使它无法呼吸。到那时，这头老水牛的生命也就走到了尽头。

也许会有几头水牛赶来助战，但这种情况不太常见。如果牛群中有小牛犊，它们就无暇顾及那些上了年纪的老牛，而是竭尽全力保护小牛。几分钟后，牛群就会离开这片草地，到别处去安静地吃草，将那头老水牛忘得一干二净；而狮子们则不分大小地围聚在一起，共享晚餐。

一个狮群通常以家庭为单位，由一头高大的雄狮、两三头雌狮以及它们的幼崽组成。

5

仓鸮 悄无声息的黑夜猎人

仓鸮(xiāo)是一种胆小的鸟类，生活在森林和树林的边缘。它们长着一身浅色的羽毛，喜欢在光线昏暗的黄昏和凌晨捕食。仓鸮的面部布满硬挺的白色羽毛，有一双乌黑而专注的眼睛，在黑夜里也能看得清清楚楚。它们的耳朵比眼睛还要灵敏，虽然严严实实地藏在羽毛下面，却不会错过任何风吹草动。

仓鸮在大树上、崖洞里、谷仓里筑巢。它们白天在巢里休息，到了傍晚才会出来活动，同样在傍晚活跃起来的还有它们的猎物。很多小型动物，例如小鸟、昆虫、老鼠、田鼠和小兔子，都是仓鸮的捕猎目标。

仓鸮有一对长长的翅膀，翅膀上的羽毛柔软而蓬松，飞行时悄然无声，仿佛幽灵一般。准备降落时，它们会向下俯冲，在靠近地面的高度滑翔一段距离，最后落在树桩或栅栏上，开始全神贯注地观察周围。一旦发现猎物，仓鸮就会一声不响地猛扑过去，用长长的、弯钩一样的趾甲抓住猎物，一口咬下去，将猎物的头骨咬碎，然后把它带回巢里，撕成一块一块的，喂给三四只毛茸茸的小仓鸮吃。之后，仓鸮再次出发，凭借敏锐的听觉在茫茫夜色中狩猎。如此往复，直到天边露出清晨的第一道曙光为止。

❶ 这是仓鸮的头骨。我们可以看到，仓鸮拥有长而有力的喙、深深的眼窝和大大的耳孔（位于眼睛下方）。

八个尖尖的、弯钩一样的趾甲随时准备将猎物牢牢抓住。

鬣狗 / 非洲平原上的猎人团

鬣（liè）狗浑身布满斑点，毛又长又乱，长得有些像狗。它们生活在非洲平原上，常常结伴捕猎。图中是三只年轻的鬣狗，它们去年才出生，还在继续长大。这三只鬣狗来自一个由15只鬣狗组成的"猎人团"。尽管身边有羚羊、斑马、小长颈鹿等猎物，但它们还不够强壮，跑得也不够快，单凭自己的力量根本无法捕到这些猎物。所以，它们跟着年长的鬣狗，一边捕猎，一边学习。

白天，它们待在洞里或灌木丛中，避开炎热的阳光。到了晚上，它们便成群结队去捕猎。15～20只鬣狗可以将一群羚羊团团围住，使它们躁动不安，然后从羊群中赶出一到两只体力较弱的羚羊。在这次行动中，它们成功捕获了一只羚羊。等年长的鬣狗吃饱后，留给年幼的鬣狗可吃的肉就不多了。但是，它们照样可以用强劲的颌骨撕裂兽皮，嚼碎骨头，把剩下的部分吃个精光。

❶几只鬣狗相互合作，可以击败一头狮子或猎豹，或者将它们的猎物夺走。

9

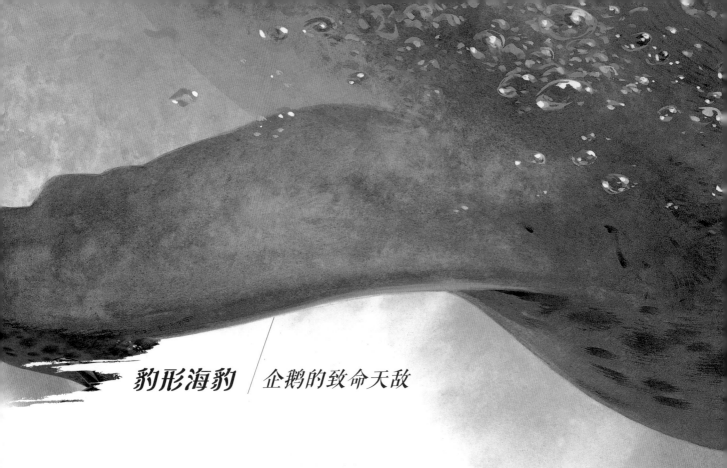

豹形海豹 | 企鹅的致命天敌

一头豹形海豹正在奋力追击一只周身光滑、肥美无比的巴布亚企鹅。企鹅奋力扭动着身体，想要摆脱这头豹形海豹的追捕。海豹和企鹅都是游泳健将，短距离内，企鹅也许比海豹略胜一筹。企鹅能够灵活地改变速度和方向，还能下潜到更深的地方。海豹则具有更强的耐力——只要坚持几分钟，便能将企鹅的体力耗尽。它们都需要到海面上呼吸，企鹅往往是在那里被海豹捕获的。海豹一旦捕获企鹅，就会用强有力的颌骨死死咬住它，用力拍打海面，使企鹅皮肉分离，然后大快朵颐。最终，企鹅皮渐渐漂远，海豹也转身离去，继续寻找下一顿大餐。

海豹是恒温哺乳动物，企鹅是恒温鸟类，它们都生活在冰冷的南大洋里。多数种类的海豹以枪乌贼、鱼和虾为食，只有豹形海豹喜欢捕食企鹅。之所以把它们叫作豹形海豹，是因为它们身上长着酷似豹纹的斑点，性格也像豹一样凶猛残暴。

❶ 豹形海豹体长可达3米，体重可达270千克。巴布亚企鹅体长约75厘米，体重约6千克。豹形海豹一顿要吃五六只企鹅才能吃饱。

11

灰熊 全鱼盛宴的厨师

图中这头灰熊正在一条湍急的河流里捕鱼。它已经捕到一条肥美鲜活的鲑鱼了，今天大概还能再捉三四十条。这段时间，正是鲑鱼最多的时候。接下来的几个星期，它每天都能捕到这么多。如果它是个大块头，那些个头稍小一些的熊就不敢离它太近；如果它是个小个子，别的灰熊就会到它的地盘上来捕鱼。到那时，它就免不了来一场捍卫主权之战了。

灰熊体形庞大，生活在北美洲的森林里。如果两三头灰熊在一起，那么它们很可能是灰熊和她的幼崽。没有幼崽的成年灰熊通常单独行动，彼此间保持距离。大多数时候，森林里的食物都不太充足，所以它们还是各找各的比较好。

冬天几乎找不到什么食物，所以灰熊会从10月开始冬眠，一直睡到第二年的2月或3月。醒来的时候，它们瘦骨嶙峋，饥肠辘辘，主要靠树木的嫩芽充饥。它们吃鸟窝里的鸟蛋，吃小鸟、老鼠、松鼠和其他小型哺乳动物，还会吃动物的残骸。此外，它们还特别喜欢从树上的蜂窝里掏野蜂蜜吃。

到了秋天，成千上万条鲑鱼洄游而上，到河流的上游去繁殖，也因此成为灰熊的主要食物。灰熊大口大口地吞食鲑鱼，除了要填饱咕咕叫的肚子，还需要趁这个时候储存脂肪，为即将到来的冬眠做准备。

❶ 巨大的前掌长着五
个强有力的趾甲，
可以从水里捞鱼。

❶ 灰熊总是填不饱
肚子，总在不断
寻找食物。

13

科莫多巨蜥 / 凶猛的森林蜥蜴

科莫多巨蜥体形巨大，体长至少3米。它们喜欢一边在森林里缓慢地爬行，一边从喉咙里发出低沉的咕哝声，或者吐一吐叉形的舌头。科莫多巨蜥栖息在印度尼西亚小巽（xùn）他群岛中的科莫多岛，以及附近的两三座小岛上。幼年时期的科莫多巨蜥瘦小而灵活，移动速度飞快。这也是没办法的事情，因为年龄较大的科莫多巨蜥会把年龄较小的科莫多巨蜥吃掉。再后来，当长到10～12岁时，它们的身体就会开始发胖，逐渐变得笨拙而缓慢。

你也许很好奇，图中这条科莫多巨蜥怎么能抓住灵活敏捷的猕猴呢？和其他爬行动物一样，科莫多巨蜥在清晨的时候体温很低，动作缓慢。它在森林的边缘找到了一个舒服的地方，静静地趴在那儿，沐浴在清晨的阳光里。生性好奇的小猕猴想知道这堆奇怪的东西究竟是什么，所以抓着一根树枝从树上荡下来，慢慢靠近，甚至伸出一只爪子在"怪物"身上摸了摸。这时，科莫多巨蜥突然醒来，只见它用力甩动尾巴，直立起身，张开大嘴，挥舞着爪子，试图将这只小猕猴牢牢抓住。

一条体形巨大的科莫多巨蜥一口就能吞掉一只小猴子，或者不费吹灰之力把它撕成

碎块。这只小狝猴差点儿就没命了，但还是幸运地逃走了。从此以后，它一定会牢牢记住：再见到这样一条佯装睡觉的科莫多巨蜥时，千万要保持距离。

螳螂 / 悄无声息的跟踪者

这是一只蝗虫，属于蚱蜢的一种。它正在忙着吃草——用长长的前肢抓住草叶，再塞到头部下方的嘴巴里面。尽管长着一双大大的复眼，但它还是没有注意到身后那只正在悄悄靠近的螳螂。毕竟，螳螂看上去确实很像一根树枝或一簇草叶。

但螳螂早就看到这只蝗虫了。它摆好了架势，准备发起突袭。它速度奇快，像离弦的箭一样瞬间冲上前去，用布满锯齿的小刀一般的前肢将蝗虫牢牢夹住。螳螂头部前方的那对大钳子即将启动，嘴巴也做好了准备。

不过，蝗虫也是一个以速度制胜的逃跑大师，它还没有彻底输掉这场比赛。我们不知道它那双大眼睛究竟能看到什么，但我们知道，它一定觉察到了一些轻微的动静，知道有只螳螂就在附近，但现在还没到采取行动的时候。当那一刻来临时，它那双折叠着的长长的后腿就会将肌肉收紧，瞬间发力，径直起跳，降落到2米开外的地方，恰好逃离螳螂的捕猎范围。这样一来，螳螂就只好去跟踪其他蝗虫了。

白鼬 / *怎样捕捉一只兔子？*

这是一只兔子，一只个头很大的兔子。很快，它就会遭受白鼬（yòu）的攻击，也很可能因此丧命。白鼬是兔子的主要天敌，白鼬碰到兔子，几乎从来不会失手。

这真令人惊讶！因为与兔子相比，白鼬的体形比较小。它们是一种瘦小却凶猛的哺乳动物，和黄鼬、雪貂、艾鼬、獾（huān）同属鼬科家族。它们的嘴巴发达有力，喜欢吃其他小型哺乳动物。一只体形较大的雄性白鼬体重只有450克，顶多相当于一只小兔子的重量。而一只体形较大的成年兔子，体重可以达到白鼬的3～5倍。

兔子主要以草、树叶等为食物。虽然我们常见的宠物兔子性格温顺，喜欢被人抚摸，而且很少咬人，但野兔是相当凶猛的，它们把牙齿和有力的后腿作为武器。野兔之间常常会因为争夺生存空间而大打出手，如果一只体形较大的野兔遭到猫或老鼠的攻击，它就会激烈地抵抗。然而，无论是体形较大的兔子还是体形较小的兔子，如果遇到白鼬，就凶多吉少了。

❗ 白鼬攻击兔子时，似乎想先让兔子感到害怕，让它不敢跑也不敢反抗。

白鼬在草丛里窜来窜去，或坐直身体，让兔子注意到它的存在，还会用牙齿发出咯吱咯吱的响声，似乎要把眼前的兔子吓得魂飞魄散，失去防御或逃跑的能力。

白鼬靠近一些，向那只兔子猛扑过去，狠狠咬住它毛茸茸的脖子。很多时候，兔子还来不及挣扎就一命呜呼了。而白鼬在接下来的几天里便可以吃得饱饱的，最后只留下一张兔子皮。

捕鸟蛛 / 多毛怪

　　这是一只黑色的捕鸟蛛，它拥有尖利的毒牙和八条长满毛的腿，简直像一只可怕的怪物。但实际上，它并没有图中画得那么大。一只成年捕鸟蛛体长大约只有18厘米，可以轻轻松松放进一个大茶碗里。不过，要是床上突然出现这么一个家伙，你一定会吓一跳。

　　由它的八条腿和肚子上的四个吐丝器，我们可以判定它是一只蜘蛛。捕鸟蛛与因毒牙而闻名的狼蛛是近亲。之所以叫作捕鸟蛛，是因为小鸟和鸟蛋都是它的猎物。它的捕猎战术是静静等待，然后猛扑上去抓住猎物，再一口咬上去，使其中毒。

! 捕鸟蛛的毒不会致人死亡，但它
们腿上的黑色绒毛具有刺激性，
可以使人皮肤红肿，产生不适
感。所以，拿捕鸟蛛的时候一定
要戴上手套。

苍鹭 / *长腿渔夫*

在一个平静的池塘里，绿油油的水草在水中轻轻摇曳，一片荷叶静静地躺在水面上。两条银色的小拟鲤游了过来，鳍尖染着一抹黄色，一下子就与周围的环境融为一体。现在是清晨，一切都那么宁静而祥和。

突然，一个不速之客从天而降。它长着灰色的头，两只明亮的、豆子般的眼睛，尖尖的、黄色的喙，闪电一般扎进水里。伴随着喙的一张一合，一条小拟鲤便被它紧紧咬住。随后，那个灰色的头和拟鲤一起从水中消失不见。刚才泛起的阵阵涟漪逐渐平静，另一条小拟鲤飞快地藏了起来，一切都恢复了原样。

那个不速之客便是苍鹭。只见它直起身来，猛甩了一下嘴巴，从鱼头开始将那条小拟鲤吞了下去。苍鹭在水里缓慢踱步，长长的腿又细又直，仿佛黄色的芦苇秆。它低着头，耸着肩膀，向前探着身子，就像一个近视的老渔夫那样耐心观察着水下的情况。它还会用爪子扒拉水底的泥土，仔细寻找活物。

至少吞下十几条鱼后，苍鹭展开那对长长的灰色翅膀，拖着沉重的身体，缓缓飞回附近树上的鸟巢里。那里有三只小苍鹭饿得肚子咕咕直叫，正眼巴巴地等着吃早餐呢。苍鹭落在鸟巢边上，把刚才吞下去的鱼一条一条吐出来，分给小苍鹭吃。这种分配也不全然是公平的，最活跃的小苍鹭得到的鱼最多。不过，就算是最小、最安静的小苍鹭也能分到一条滑溜溜的小鱼当早餐，吃完小鱼，它便心满意足地到一边待着去了。

❶ 苍鹭在高高的树上用树枝搭建鸟巢，通常搭在它们捕鱼的湖泊或河流附近。

灰狼 / 驯鹿捕杀者

在加拿大北部的一片森林里，一只雄性驯鹿正孤零零地站在树下。它已经上了年纪，疲惫不堪，还跟鹿群走散了。更不幸的是，它碰到了自己的老对手——灰狼。看来，一场生死搏斗在所难免。

根据鹿角的大小和分叉数量，我们可以判断这只驯鹿的性别和年龄。它曾经多次遭遇灰狼，知道怎么办最好。如果它转身逃跑，那些灰狼就会追上来，把它扑倒。但是，如果它低下头，用尖利的鹿角直指对手，正面迎敌，灰狼便会意识到这是一位身经百战的"老战士"，从而分散开来，生怕被那些尖角刺伤。但是，在饥饿的驱使下，它们不会就这么善罢甘休。几分钟后，它们又会重新围拢过来。当然了，老驯鹿也可以选择什么都不做，只是稳稳地站在那儿。只要正面朝向狼群，它也许就能保持安全——除非它体力不支，跌倒在地。那样的话，狼群便会步步逼近。

灰狼们看出了它的疲倦和虚弱，于是又向前靠近了一些。谁先进攻，谁就更容易受伤。所以，它们都在耐心地等待着、观察着。或许，它们会厌倦这种等待，转身去追远处的鹿群。不过这会儿，它们很可能已经看出这只驯鹿能坚持的时间不多了，不需要等太久。象征性地打一架，干脆利落地结束战斗，等驯鹿倒地，林间雪地浸染一片红色，它们便会围拢上来，大快朵颐。那只驯鹿很快会被遗忘，而灰狼们也会小跑着离开这里，继续寻找下一顿大餐。

狼群等驯鹿表现出疲惫或虚弱的状态之后再进行围攻。

长耳蝠 / 会飞的黑夜猎手

在幽深的山洞里，这只长耳蝠用爪子钩住洞壁或洞顶，像一把小雨伞似的，倒挂着睡觉。它已经睡了整整一天。现在是晚上，月亮已悄悄爬上树梢，成百上千只蝙蝠开始出来觅食。它们拍打着薄纸一样的翅膀，在空中盘旋飞翔，找准目标后猛扑过去，用尖利的小牙齿咬住甲虫、飞蛾或其他飞虫，然后把它们嚼碎、吃掉。

蝙蝠是小型恒温哺乳动物，身上覆盖着毛发。有的蝙蝠顶多跟老鼠一般大。它们拥有一双柔韧结实的翅膀，由连接指骨、前臂骨和腿骨的皮肤构成，像鸟一样擅长飞行。它们的后腿和尾巴之间还有一层皮肤，像篮子一样，可以储存捕捉到的昆虫，留待以后享用。并非所有蝙蝠的耳朵都像图中这只这么长，但所有蝙蝠在捕食时都要依靠听觉。它们的耳朵就像眼睛一样，能起到十分重要的作用。蝙蝠飞过时，人们有时会听到一种尖锐的声音，那是它们捕猎时发出的声音。蝙蝠借助耳朵听到的回声躲开墙或树等障碍物，也凭借回声来寻找猎物。

❗ 前臂骨和指骨为展开的翅膀
做支撑。前面那个弯弯的钩
子其实是拇指的指甲。

鳄鱼 / 伏击羚羊

　　不久前，图中这只非洲鳄鱼像一根木头似地漂在湖面上，只露出眼睛、鼻孔和布满鳞片的棕色后背。跳羚可能早就看到它了，但并没有在意，因为它跟水边漂着的其他木头没什么两样。而这只跳羚已经在大太阳底下晒了一天，口渴难耐。可是，那根"木头"突然张开血盆大口扑了过来，还露出了尖利的牙齿。说时迟，那时快，跳羚一跃而起，刚好跳到鳄鱼够不着的地方，然后匆忙逃走。

　　如果不幸被捉，跳羚就会被鳄鱼拖到水里淹死。然后，鳄鱼会将它大卸八块，吞进肚子，可能还会藏起一部分，留着改天吃。如果跳羚成功逃脱，鳄鱼就会重新沉入水里，等待下一只猎物上门。鳄鱼的腿又粗又短，如果在地面上，它根本不可能追上一只羚羊。只有像这样静静等待，仔细观察，一次又一次地尝试，它的晚餐才会有着落。

獴 / *敏捷的捕蛇能手*

獴（méng）似乎天生对蛇有一种敌意。这是一只雌性印度獴，从鼻子到尾尖大约有1米长。它发现了一条比它长一倍的眼镜蛇。它们都在拼尽全力，试图结束对手的性命。

这是一场势均力敌的较量。要想获胜，獴必须从后面抓住眼镜蛇的脖子。如果它抓住的是别的地方，眼镜蛇就有机会扭过身来，用长长的毒牙咬它一口；相反，如果它抓对了部位，眼镜蛇的毒牙就派不上用场了，只能任由獴挂在自己身上。眼镜蛇速度很快，全身布满坚硬的鳞片，脖子

也很宽大，要想抓住它可不太容易。反过来，獴也有一身厚厚的毛皮，很难咬穿，甚至连蛇毒也奈何不了它。对待抓住自己不放的獴，眼镜蛇会一边咬，一边甩动身体，把獴一次次猛摔在地，试图摆脱它。在眼镜蛇连咬带甩的攻势下，獴会严重受伤，甚至丧命。

孟加拉虎 / 凶猛野蛮

　　孟加拉虎过着安静而孤独的生活。狮子以家庭为单位成群结队，一个狮群可有多达十几头狮子，在广阔的平原上合作捕猎。猎豹和花豹有时也会两两合作，但老虎通常单打独斗。它们静静地穿行在密林之中，等待猎物出现，然后悄悄靠近它，发起突然袭击。它们的猎物主要是小型哺乳动物和鸟类。

　　这只老虎可能在炎热的白天睡了一大觉，晚上醒来后觉得肚子空空的，迫切需要找点儿什么来充饥。它在森林里静静地走了两三个小时，走了好远好远，身后还有一两只小老虎一路小跑地跟着它。它一次又一次停下脚步，嗅一嗅空气中的气味，再俯下身去闻一闻路边有没有新的味道，还会悄声呼唤自己的孩子，让它们不要淘气。刚刚，它又停了下来，耳朵和尾巴警惕地抽动着。有个东西引起了它的注意，可能是一只笨拙莽撞的野猪，也可能是一只悄悄路过的羚羊。无论是什么，那个东西都在朝它的方向走过来。

　　它趴在一堆石头上，耐心等待着，直到目标进入攻击范围，然后飞身一跃，扑向猎物。面对如此锋利的牙齿、有力的爪子和健壮的身躯，那只野猪或羚羊几乎在劫难逃。待妈妈捕猎结束，小老虎们便会一拥而上。虎妈妈并没有教什么，小老虎们却已经学到了新的本领。现在，虎妈妈一家可以饱餐一顿了。

鲨鱼 / 海洋里的神秘猎人

一条长约3米的大青鲨追上一只宽吻海豚，给了它重重一击，海豚顿时失去了知觉。紧接着，它转过身，用锋利的牙齿将海豚紧紧咬住，用力摇晃着，直到海豚因失血过多而休克死亡。

世界上有很多不同的鲨鱼，大多数种类的鲨鱼体长不足1米，对人类没有威胁。只有少数几种鲨鱼拥有巨大的身躯，能够捕杀海豚、鲸，甚至人类。鲨鱼是一种鱼类，冷血动物，大脑的重量和体积只占整个身体很小比例，智商不高。海豚跟人类一样，是一种恒温哺乳动物，大脑很大，智商很高。论聪明，鲨鱼怎么能比得过海豚呢？但聪明不是最重要的。通过感知水中的味道和振动，鲨鱼能发现很远处的猎物。它们长着一排排锋利的牙齿，游泳速度也很快。

而且，依靠本能或后天学习，鲨鱼还知道如何针对不同的猎物运用自己的力量。聪明的海豚会想办法摆脱鲨鱼的追捕，但不是每次都能成功。

图中这只海豚可能是生病了，也可能是年纪大了，或者仅仅一时走神，没注意到危险。它伤得很重，能不能活下来就听天由命了。

鲨鱼有一张大大的嘴巴，一排排锋利的牙齿，并且可以终生更换牙齿。它们总是填不饱肚子，无时无刻不在寻觅猎物。

翠鸟 / *小河上的一道蓝色闪电*

　　静静漫步在一条清澈见底的小河旁边，伴着潺潺水声，也许有机会见到这种美丽的小鸟——翠鸟。世界各地分布着100多种翠鸟，几乎所有翠鸟都有一个长长的喙、一条短短的尾巴和一身鲜艳的羽毛。

　　图中这只翠鸟常见于欧洲、非洲北部和亚洲的很多国家和地区，包括中国和日本。无论生活在哪里，它们都会把家安在河边。冬天和夏天，它们常常飞来飞去，时不时地扑进水里去捕鱼。通常能看到一只翠鸟站在柳树桩或桤（qī）木枝上，一边整理羽毛，一边四下环顾，认真观察水面。千万别走神，如果运气好，你也许还能看到它一个猛子扎进水里，伴随着河面上溅起的一朵水花消失不见。

　　对于水中的鱼来说，它们的感受则更像这样：这两条鲹鱼听到了水花飞溅的声响，也感受到了水中的剧烈振动，于是迅速摆动尾巴，准备逃走。它们也许看到了那片鲜艳的色彩和许许多多的气泡，但不幸的是，有一条鱼来不及逃走了。翠鸟将翅膀折起一半，在水里游泳。它用自己又长又尖的喙左右猛啄，成功捕获其中一条鲹鱼。

　　回到栖息处后，翠鸟甩甩被水浸湿的羽毛，将鱼抛到空中，一口咬住鱼头，然后囫囵吞下。一条小小的鲹鱼分量太小，所以短暂休息几分钟后，翠鸟便准备再去捉一条回来。

🛈 翠鸟返回栖息处，立刻把鱼
抛到空中，一口咬住鱼头，
很容易地把鱼吞下去。

蟒蛇 / 一声不响地勒死猎物

这是一条蟒蛇，也叫水蟒，体长约3米，粗约30厘米。它刚刚抓到一只像小狗那么大的南美泽鹿。蟒蛇和南美泽鹿都栖息在巴西境内亚马孙河流域的一片沼泽地里。

蟒蛇不需要每天进食，有时甚至一周都不用吃东西。饿了，它们就静静地趴在岸边或沼泽边，有时候也会倒挂在路边的一棵树上，耐心等待猎物出现。任何从这里经过的小动物都有可能遭到蟒蛇的袭击。蟒蛇攻击时，先用嘴巴死死咬住猎物，再用身体把猎物一圈一圈缠住，看上去就像一根弹簧。猎物越挣扎，蟒蛇的肌肉就收得越紧。几分钟后，猎物渐渐无法呼吸，最终窒息而死。

随后，惊人的一幕出现了。蟒蛇松开身体，把嘴巴大大张开，开始吞食猎物。如果猎物比蟒蛇宽，需要的时间就会长一些。蟒蛇通常从最窄的部分（一般是口鼻处）开始，一点儿一点儿将猎物吞进肚子。如果有必要，它还会将上下颌分开，把嘴巴张得更大。最先消失的是猎物的头，然后是猎物的身体。刚刚大吃一顿的蟒蛇看上去就像一个行李箱，一边是蛇头，另一边是蛇尾。吃完后，它会在沼泽地里找一个安静的角落，等待这顿大餐慢慢消化，这个过程可能需要持续几个星期。

这只鹿对蟒蛇来说，似乎大得难以下咽。蟒蛇最终能把鹿制服吗？它一定会竭尽全力，最终取得成功。

狗鱼 / 鸭子池塘里的恐怖分子

　　图中这条大鱼长着一双银色的大眼睛和一张大大的嘴巴，正准备扑过去捉一只小野鸭，这就是狗鱼。狗鱼通常静静地趴在池塘或河流底部，等待猎物经过。它们喜欢在清澈的水里生活，因为只有这样，才能将周围的情况尽收眼底。狗鱼通过眼睛和皮肤密切关注着周围生物的一举一动。一只幼虫、一条小鱼，甚至是一只在池塘底部缓缓爬行的蜗牛，都足以引起它的注意。瞄准目标，迅速出击，张开可怕的大嘴"咔嚓"一咬，然后重新潜伏起来，等待下一次机会。

　　狗鱼可以看到头顶上方和身体两侧的猎物，而上方水面的阵阵涟漪一定会引起它的注意。瞧，水面上有一只小鸭子正在拼命划水。几天前，它刚从河边的一个鸭子窝里破壳而出，和它一起出生的还有几个兄弟姐妹。小鸭子出生后几个小时，刚刚能站起来摇摇晃晃走路的时候，野鸭妈妈便会带着它们去池塘里，学习游泳和捕食。鸭妈妈无法一一提示周围潜在的危险，但它不断温柔地叫着，让小鸭子们待在她的身边，因为那里是最安全的地方。

　　这只小野鸭没跟上妈妈和兄弟姐妹的队伍，迷了路。狗鱼发现了它，于是用力摆动尾巴向它游过来。可怜的小野鸭根本没注意到靠近的狗鱼，而且永远也不会知道究竟是什么东西从下面扑上来吃了它。

❶ 狗鱼的体重可达22.5千克，凶猛彪悍，能够捕食体形较小的动物，但有时候也会丢掉性命。

非洲野犬 / 掉队者杀手

如果在城市里看到这种动物，你最好离远点儿。这是一群非洲野犬，有着粗糙的毛、又大又圆的耳朵、长长的鼻子和长长的腿，十分擅长奔跑。此时此刻，它们正在尘土飞扬的非洲草原上对一匹斑马紧追不舍。

斑马是马的近亲，浑身布满黑白相间的条纹。它们过着群居生活，以草为食，用蹄子和嘴巴进行自我防御。面对一只单

❗ 即使斑马疲惫不堪，也会用蹄子和不太锋利的牙齿奋力反抗。然而，只需三四只非洲野犬便能将其制服，让整个野犬群都能美餐一顿。

枪匹马的非洲野犬，斑马可能没什么好担心的。但非洲野犬很少单独行动，它们常常以血缘关系或其他方式结群，一起追捕比它们更大、更强壮的动物。跟踪斑马时，它们先慢慢靠近斑马群，使斑马受惊后四散而逃，再从中找出力量最弱、体力最差或腿部有残疾的斑马，将其锁定为行动目标。

词汇表

巴布亚企鹅 gentoo penguin

白鼬 stoat

斑马 zebra

豹形海豹 leopard seal

蝙蝠 bat

捕鸟蛛 bird-eating spider

哺乳动物 mammal

苍鹭 heron

仓鸮 barn owl

长耳蝠 long-eared bat

翠鸟 kingfisher

大青鲨 blue shark

鳄鱼 crocodile

非洲野犬 African wild dog

狗 dog

狗鱼 pike

鲑鱼 salmon

花豹 leopard

灰狼 timber wolf

灰熊 grizzly bear

科莫多巨蜥 Komodo dragon

狼 wolf

老虎 tiger

猎豹 cheetah

鬣狗 hyena

蟒蛇 anaconda

獴 mongoose

孟加拉虎 Bengal tiger

猕猴 macaque

拟鲤 roach

企鹅 penguin

鲨鱼 shark

狮子 lion

水蟒 water boa

水牛 buffalo

螳螂 mantis

鲦鱼 minnow

跳羚 springbok

兔子 rabbit

小鸭子 duckling

熊 bear

驯鹿 caribou

眼镜蛇 cobra

野鸭 mallard duck

野猪 wild pig

蚱蜢 grasshopper

图书在版编目（CIP）数据

解锁动物生存密码 . 捕猎高手 / 懿海文化著、绘；
高琼译 . -- 北京：科学普及出版社，2023.7
ISBN 978-7-110-10542-9

Ⅰ . ①解… Ⅱ . ①懿… ②高… Ⅲ . ①动物—普及读
物 Ⅳ . ① Q95-49

中国国家版本馆 CIP 数据核字（2023）第 032115 号

策划编辑	李世梅　马跃华
责任编辑	王一琳　张　惠
版式设计	许　媛
封面设计	巫　粲
责任校对	张晓莉
责任印制	马宇晨

出　　版	科学普及出版社
发　　行	中国科学技术出版社有限公司发行部
地　　址	北京市海淀区中关村南大街 16 号
邮　　编	100081
发行电话	010-62173865
传　　真	010-62173081
网　　址	http://www.cspbooks.com.cn

开　　本	889mm×1194mm　1/16
字　　数	240 千字
印　　张	21
版　　次	2023 年 7 月第 1 版
印　　次	2023 年 7 月第 1 次印刷
印　　刷	北京瑞禾彩色印刷有限公司
书　　号	ISBN 978-7-110-10542-9 / Q·282
定　　价	298.00 元（全 6 册）

（凡购买本社图书，如有缺页、倒页、脱页者，本社发行部负责调换）